CUTE PETS DREI D

FUER MEINEN EHEMANN

ALLE RECHTE IN DIESEM BUCH SIND DEN AUTOREN VORBEHALTEN!

AUTOREN / COVER / BILDER

DIRK L. FEILER

TANJA FEILER

ALIEN

DIE MUSIKER WG IST IN HELLER AUFREGUNG. IM MUSEUM WIRD EIN TEIL DER COVERS DER BUECHER – INZWISCHEN HABEN DIE CUTE PETS MIT KITTYS FAMILIE ZUSAMMEN

200 BUECHER VEROEFFENTLICHT. UND JEDER HAT VIEL GEARBEITET.

ANGELINA UND MAEHI POSTEN IN EINEM SOZIALEN NETZWERK ZWEI HOCHZEITSBILDER, DOCH ALLE SIND SICH EINIG: ALIEN MUSS SEINE WISSENSCHAFTLICHEN BEZIEHUNGEN IN ANSPRUCH

NEHMEN. DIE CUTE PETS WOLLEN MEER.

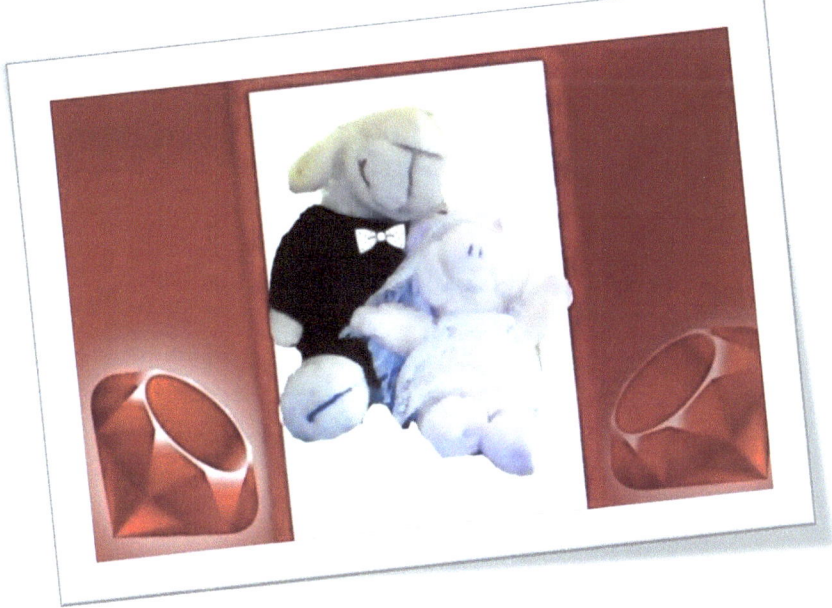

ALIEN HAT SEINE FORSCHUNGSERGEBNISSE PUBLIZIERT UND DAMIT EINEN WICHTIGEN BEITRAG GELEISTET. DESHALB IST ES O.K. ER HOLT DIE MASCHINE, DER FITNESSRAUM

WIRD
LEERGERAEUMT
UND FUER ZWEI
STUNDEN STRAND
UND MEER...

17

ZWEI STUNDEN MEER

SIND JETZT UM. ALIEN MUSS SCHNELLSTENS DEN PROTOTUP INS LABOR BRINGEN. DENN ER IST NOCH IN DER TESTPHASE. INOFFIZIELL SIND ES DIE CUTE PETS,

DIE DIESE MASCHINE GETESTET HABEN. JETZT SCHON ZUM ZWEITEN MAL. KITTY HAT SICH VERKROCHEN, SIE MAG DEN STRAND, DOCH NICHT DAS MEER. SIE IST WOHL DIE EINZIGE, DIE NICHT

RICHTIG ENTSPANNEN KONNTE. SIE RICHTET DEN FITNESSRAUM WIEDER EIN.

DIE NEUEN OUTFITS

Design und Fashion gehen Hand in Hand – deshalb hat Michelle zusammen mit Angela neue Buehnenoutfits gemacht. Obwohl erst einmal die

STUDIOAUFNAHMEN DRAN SIND.

www.ingramcontent.com/pod-product-compliance
Lightning Source LLC
Chambersburg PA
CBHW041619180526
45159CB00002BC/932